西藏重大科技专项——西藏疯草综合防治与利用研究
农业部"十二五"公益性行业科研专项——草原主要毒
害草发生规律与防控技术研究（项目编号：201203062）

中国西部

疯草绿色防控与利用技术

王保海　郭青云　等　著

U0210625

科学出版社

北京

内 容 提 要

本书针对中国天然草地疯草的种类与分布，生物学特性，成灾机理，牲畜中毒诊断，经济意义，绿色防控，利用技术，分区治理及对策进行了论述。共 6 章 16 节。

本书是疯草防控与利用的基本资料，可供从事天然草地疯草研究、教学工作者，尤其是农牧民防治疯草参考。

图书在版编目（CIP）数据

中国西部疯草绿色防控与利用技术 / 王保海等著. —北京：科学出版社，2018.11

ISBN 978-7-03-059737-3

I. ①中… II. ①王… III. ①毒草 - 防治 - 研究 - 中国 IV. ① S452

中国版本图书馆 CIP 数据核字（2018）第261762号

责任编辑：丛　楠 / 责任校对：彭　涛
责任印制：赵　博 / 封面设计：铭轩堂

科学出版社 出版
北京东黄城根北街 16 号
邮政编码：100717
http://www.sciencep.com

北京厚诚则铭印刷科技有限公司印刷
科学出版社发行　各地新华书店经销

*

2018年11月第 一 版　开本：890×1240　1/32
2025年 4 月第三次印刷　印张：2 1/4
字数：33 000
定价：48.00 元
（如有印装质量问题，我社负责调换）

《疯草绿色防控与利用技术》编著人员

主 编 王保海 郭青云

副主编 赵宝玉 翟 卿 刘建枝 王敬龙

编 委 王保海 郭青云 赵宝玉 翟 卿 刘建枝

王敬龙 莫重辉 梁剑平 路 浩 次仁多吉

乔红波 张亚玲 雷雪萍 王 雨 范瑞英

夏晨阳 其 美 郝宝成 王建国 魏 娜

陶 蕾 梁 妍 杜桂林 李国忠 靳瑰丽

黄文颖 倪亦菲 沙涌波 秀 花 王 香

曹 龙 李晨阳 土 登 李建设 扎西次仁

成海宏

王保海简历

王保海，男，1952 年 4 月出生，河南长葛人。西藏自治区农牧科学院原副院长，研究员。曾先后兼任西藏科协副主席，西藏人大常委会六届、七届委员，中国植保学会常务理事，中国昆虫学会理事，中国科学技术协会五届、六届委员。

从事西藏昆虫研究 40 年，记录昆虫 10560 种。提出西藏昆虫三大分化中心、三大类群、三大趋向，并将青藏高原独设为世界新的昆虫区系——青藏区，与古北区等平行。在青稞与牧草害虫防控方面，揭示其生物学特性与发生规律；集成创建"两改两用" 8 项防控技术，突破西藏粮食产量十年徘徊的局面及促进牧业增效。在疯草防控方面，揭示其生物学特性，毒害机理，发明新药；创建防控"三·五"技术体系，解决中国西部疯草防控技术难题。

获国家级奖项 3 项，省部级一等奖 7 项、二等奖 5

项、三等奖 5 项；出版专著 21 部，发表论文 151 篇；专利被应用 6 项；培养人才 50 多人次。成果应用于中国 9 省份，取得经济效益 200 多亿元。

被授予国家突出贡献专家并享受国务院特殊津贴。2009 年获中华农业英才奖，2018 年获何梁何利基金科学与创新奖。

前　言

疯草是天然草地棘豆属和黄芪属有毒植物种类的总称，是危害世界草地畜牧业生产最为严重的毒草。在中国主要分布于西部的西藏、青海、内蒙古、新疆、甘肃、四川、陕西、云南、宁夏等9省份天然草地。这一区域占国土面积的60%以上，占天然草地面积的70%以上。

20世纪70年代以来，中国西部天然草地疯草逐年增多，中度、重度发生面积由1.14亿亩蔓延到3.62亿亩，占西部天然草地面积的7.96%。疯草严重危害草地畜牧业，一是成灾致牧草减产，年均经济损失达39.82亿元；二是毒害致羊、牛中毒，甚至死亡，年均经济损失达50.81亿。

针对这一重大生态和民生问题，2007年西藏自治区科学技术厅把《疯草绿色防控与利用研究》列为西藏自治区重大科技专项，组织多学科、多部门、多省区60多位相关科学工作者联合攻关，取得重大创新成果，解决了天然草地疯草防控与利用难题。

本书着重介绍疯草绿色防控与利用技术的普及与推广，无疑为疯草绿色防控与利用提供了科学指导，是疯草发生区域一线科技工作者、技术人员、农牧民所希求的和方便使用的读本，也是本研究的根本出发点和落脚点。

由于作者水平所限，书中错误和不妥之处，敬请广大读者指正！

作　者

2018 年 5 月

目　　录

第一章　疯草的区系与种类

　　疯草是天然草地豆科棘豆属和黄芪属有毒植物种类的总称。但"疯草"一词不是植物分类上的名词术语，意思是牲畜采食这种毒草后可引起以慢性神经机能障碍为特征的中毒，能使牲畜发疯，故形象地把这类毒草统称为"疯草"，俗称"醉马草"，在藏语中称"通扎"。疯草是世界上危害草原畜牧业最为严重的毒草，在中国广泛分布于西部草地。

　　据调查统计，中国西部天然草地疯草有 47 种。地理分布采用王保海（1992）提出的青藏高原成为独立的生物区系——青藏区，与古北区、东洋区平行的观点。中国西部天然草地疯草区系划分为青藏区与古北区两个大区，四个亚区。青藏区含三个亚区，即青藏高原西亚区（生态脆弱农牧区）、青藏高原中亚区（生态半脆弱农牧区）和青藏高原东亚区（生态稳定农牧区）；古北区在中国含一个亚区，即蒙新亚区。范围包括内蒙古西部、新疆大部、宁夏全部、甘肃北部等。

第一节　青　藏　区

一、青藏区范围与疯草种类

1. 青藏区的范围

青藏区指青藏高原的全部。青藏高原在中国境内的区域西起帕米尔高原，东至横断山脉，横跨 31 个经度，东西长约 2945 公里；南自喜马拉雅山脉南缘，北迄昆仑山—祁连山北侧，纵贯约 13 个纬度，南北最宽处达 1532 公里。青藏高原国内包括西藏自治区大部分地区，青海省的全部、四川省西部以及云南省部分地区，新疆维吾尔自治区南部以及甘肃省部分地区，面积达 250 多万平方公里，占中国陆地总面积的 26.8%。青藏高原在中国外区域包括不丹、尼泊尔、印度、巴基斯坦、阿富汗、塔吉克斯坦、吉尔吉斯斯坦的全部或部分，大约 50 万平方公里。国内外总面积 300 多万平方公里（张镱锂等，2002）。

2. 青藏区疯草的种类

青藏区疯草种类共计 34 种，特有种占了近 50%，充分显示了青藏高原疯草区系的独立性。

棘豆属有：黄花棘豆、甘肃棘豆、毛瓣棘豆、急弯棘豆、小花棘豆、冰川棘豆、宽苞棘豆、镰形棘豆、小叶棘豆、瘤果棘豆、二花棘豆、灰叶棘豆、密丛棘豆、铺地棘豆、绢毛棘豆、刺叶柄棘豆、黑萼棘豆、轮叶棘豆，计 18 种。

黄芪属有：茎直黄芪（劲直黄芪）、变异黄芪、线苞黄芪、木里黄芪、金翼黄芪、丛生黄芪、多枝黄芪、松潘黄芪、坚硬黄芪、尖齿黄芪、不丹黄芪、乳白黄芪、白序黄芪（白花黄芪）、斜茎黄芪、西藏黄芪、云南黄芪，计 16 种。

二、青藏区疯草空间分布格局

（一）青藏区疯草水平分布三大区域

从系统、群落、种群三个层次分析中国西部天然草地疯草的空间分布格局，将青藏高原疯草水平分布划分为三个亚区。

1. 青藏高原西亚区（生态脆弱农牧区）

指西藏的阿里、那曲的全部，日喀则西部，山南的西部，新疆的南部边缘区域，青海的西部，以及国外的克什米尔等地，是疯草为害最严重的区域。主要疯草种类有冰川棘豆、茎直黄芪、毛瓣棘豆和甘肃棘豆等11种。

2．青藏高原中亚区（生态半脆弱农牧区）

指西藏中部的拉萨，山南的大部分区域，日喀则东部，林芝西部的部分区域，青海的东部与南部，是疯草发生比较严重的区域。主要疯草种类有茎直黄芪、小花棘豆、甘肃棘豆、黄花棘豆和白花黄芪等6种。

3．青藏高原东亚区（生态稳定农牧区）

指西藏东南部的林芝、昌都地区的大部分和四川西部、云南北部区域，是疯草发生比较轻的区域。主要疯草种类有宽苞棘豆、坚硬黄芪、甘肃棘豆和丛生黄芪等10种。

（二）青藏区疯草垂直分布三大带

青藏高原海拔对环境，尤其是生物种类组成的影响远远超出纬度的影响，具有"一天有四季，十里不同天"之称。海拔越高，生存条件越脆弱。

1．脆弱带

指海拔4000米以上的地带。主要疯草种类有冰川棘豆、茎直黄芪、黄花棘豆、小叶棘豆等。

2．半脆弱带

指海拔 3600～4000 米的地带。主要疯草种类有茎直黄芪、毛瓣棘豆、急弯棘豆、宽苞棘豆、黄花棘豆等。

3．稳定带

指 3600 米以下的地带。主要疯草种类有甘肃棘豆、茎直黄芪、急弯棘豆、镰形棘豆、宽苞棘豆等。

第二节　古北区（蒙新亚区）

一、古北区范围与疯草种类

1．古北区的范围

中国古北区含一个亚区即蒙新亚区，范围包括内蒙古西部、新疆大部、宁夏全部、甘肃北部及山西的一部分。

2．古北区疯草的种类

古北区疯草常见的主要种类有 8 种。

棘豆属有：小花棘豆、甘肃棘豆、黄花棘豆、镰形棘豆、硬毛棘豆、多叶棘豆。

黄芪属有：变异黄芪、哈密黄芪。

二、古北区疯草空间分布格局

古北区（蒙新亚区）可分为内蒙古小区、甘肃小区和新疆小区。

1．内蒙古小区

主要指内蒙古西部，包括阿拉善盟、鄂尔多斯市、巴彦淖尔市、乌兰察布市等地。主要疯草种类有小花棘豆、变异黄芪、哈密黄芪、硬毛棘豆、多叶棘豆。

2．甘肃小区

主要指甘肃、宁夏及山西的一部分，包括天祝、永登、肃南、肃北、阿克塞、民乐、民勤、金昌、临泽、高台、西吉、海源、固原、盐池、平罗等。主要疯草种类有甘肃棘豆、黄花棘豆、小花棘豆、镰形棘豆、变异黄芪、硬毛棘豆。

3．新疆小区

主要指新疆的全部，疯草主要分布在新疆南部、北部和中部狭长地带，包括阿勒泰地区、阿克苏地区、喀什地区、哈密地区等地。主要疯草种类有小花棘豆、变异黄芪、哈密黄芪。

第二章　疯草的生物学特性与成灾机理

第一节　疯草生物学特性

一、耐寒旱

疯草根系发达，通常深达 60～100 厘米土层，以抵御浅层土壤干旱，在春季往往比其他禾本科牧草提前 10～15 天返青，尤其遇到特别干旱年份，疯草已萌发，禾本科牧草仍处于干旱休眠状态。

二、抗辐射

疯草枝叶表面被覆白色绢丝状柔毛，且具蜡质层。经光谱仪测定，疯草比牧草反光率强，耐紫外线辐射，叶面水分蒸腾作用极小。

三、有韧性

据观察，在严冬季节，疯草因含一定量的粗纤维，韧性较强；茎秆短，可以抵御强风侵袭，免被折断。

四、有毒性

我国科研人员最早从黄花棘豆中分离出生物碱苦马豆素，随后陆续从变异黄芪、小花棘豆、茎直黄芪和镰形棘豆等多种疯草中分离出苦马豆素。经色谱仪测定，黄花棘豆、甘肃棘豆、急弯棘豆、毛瓣棘豆和茎直黄芪中苦马豆素含量为 0.012%、0.021%、0.025%、0.006% 和 0.005%。现已确认苦马豆素是疯草主要毒性成分。

五、多年生、繁殖力强、耐瘠薄

疯草类有毒植物属豆科多年生草本，一般生长在河边、村旁、路边、田边、河滩、沙砾地和山坡草地。一株中等大小的疯草植株年繁殖种子千粒以上。和其他牧草相比，疯草繁殖力强、耐瘠薄，在过度放牧的退化草地成为优势种。

第二节 疯草成灾机理

一、与超载过牧、惜杀惜售的关系

统计分析显示，仅西藏自治区 2013 年较 1951 年牲畜年存栏增加 2.63 倍，超载 1.8～3.2 倍。加之惜杀惜售，老畜过多，争夺牧草，年年养，年年瘦，造成恶性循环。尤其在冬季，羊、牛无草可采，被迫采食疯草，引起中毒死亡。

二、与干旱寒冷的关系

研究分析发现，疯草具抗旱、抗寒、耐贫瘠特性，是长期在环境因素作用下由变异性逐步转化为遗传性被固定下来的本能。在春初疯草凭借其特性最先发芽、返青。

三、与海拔的关系

调查研究显示，疯草具有低海拔发生密度低、中海拔发生密度高、高海拔发生密度低的特点。虽然疯草中海拔发生密度高，但牲畜中毒现象最为严重并非出现在中海拔地区，而是在高海拔荒漠地区。实际上海拔越高，环境越差，中毒死亡越严重。

四、与畜种的关系

比较毒理学表明，不同畜种间马属动物对疯草最敏感，最易中毒，其次为山羊、绵羊和牛；幼畜无辨识能力，易中毒。引进牲畜与当地牲畜相比较，引进的易中毒，说明当地牲畜具有识别毒草的能力。

五、与传播途径的关系

调查发现疯草的豆荚很轻，易随风、随水流而传播；疯草过腹后种子仍可萌发，随牲畜活动而传播；疯草豆荚粘附在牲畜体表，随放牧转场而远距离传播。

六、疯草-羊牛-环境三者关系

存在就是合理的。观察发现，疯草生长所需养分由羊、牛的粪尿提供；疯草周围生长的竞争牧草，又是通过羊、牛啃食刨食去除；冬季疯草为羊、牛拦存风携牧草，成为羊、牛唯一的"草库"，二者相互依存。疯草有毒化学物质的形成及其对草食动物的毒害作用，是草原生态系统对草食动物过度采食的自我保护性对策，二者是黄金搭档生态链。羊、牛采食疯草，疯草毒害羊、牛，疯草-羊牛-环境相互依存，相互制约，协调进化，对立统一，是生态系统维护自身稳定的重要机制。

第三章　疯草中毒病诊断标准

　　家畜疯草中毒是一种常见的、危害严重的中毒性疾病。牲畜取食疯草一般不会马上中毒，在自然状态下，在疯草区域放牧 2 个月左右发生中毒，是一个累积中毒的现象。在适度放牧的草场，因其他可食牧草丰盛，当地牲畜一般不会主动采食疯草，自然不会发牲畜中毒。但在过度放牧的情况下，草场退化、沙化，疯草在草场上的密度逐年增加，造成草场毒草化，使草场质量急剧下降，牲畜因缺乏可食牧草而饥饿难忍，被迫采食疯草，导致中毒发生。在西藏疯草中毒不论什么时间均可发生，一般冬季和春季比较严重。

第一节　流行病学诊断

　　牲畜疯草中毒主要发生在有疯草生长的天然草地，

尤其是过度放牧的退化草地，本病的发生主要与下列因素有关。

与草原生态有密切关系：疯草适于生长在植被破坏的地方，有人认为这些植物是生态扰乱的先驱。疯草在西藏一些草场已发展成为优势种群，这不仅与其抗逆性强、抗干旱、耐寒等特性有关，更重要的是草场管理不善、过度放牧、草场退化及植被破坏等，为这些有毒植物的蔓延和密度增加提供了条件。疯草与草场可食牧草争夺生境，进一步加剧了草场退化，造成恶性循环。一般疯草适口性不佳，在牧草充足时，牲畜并不采食，但当可食牧草耗尽或发生雪灾时才被迫采食。因此，一般年份常在每年冬、春季节中毒严重，干旱年份全年发病并有暴发的倾向。

与饲养管理有关：疯草在结籽期相对适口性较好，牲畜有可能主动采食而发生中毒。有经验的牧民在结籽期不在有疯草的草原上放牧，可避免中毒造成损失。但在干旱年份由于可食牧草缺乏，特别是没有充分的干草贮备，饲养管理不善，有可能造成灾难性后果。

与采食量有关：大量采食疯草可在 4 周内发生中毒，少量采食疯草常需 1～2 个月甚至更长的时间才发生中毒。

第二节 毒性与毒理特点

疯草的主要有毒成分是生物碱苦马豆素。苦马豆素为水溶性，呈碱性，在动物肠道内能迅速被吸收，进入血液后可特异性抑制细胞溶酶体中 α-甘露糖苷酶的活性。结果导致细胞溶酶体内大量富含甘露糖的寡聚糖不能代谢而聚积，出现生殖、内分泌及免疫功能异常和细胞广泛空泡变性，使牲畜中枢神经系统和实质性器官受到损害，造成细胞功能紊乱，尤其是神经细胞功能紊乱，使牲畜表现出一系列神经症状。当生殖器官的组织细胞发生空泡变性时，可导致母畜流产、死胎、畸形胎等繁殖机能障碍。

第三节 临 床 诊 断

中毒初期：症状为患病牲畜表现精神不振，反应迟钝，消瘦，体重下降，被毛粗乱无光泽，行走步态不稳，放牧时呆立易落群。体温正常或偏低，心跳和呼吸正常。

中毒中期：症状为患病牲畜表现精神沉郁，消瘦贫血，眼半闭，头颈部不断地做水平震颤或摇动，以致不能吃草。行走时后肢不灵活，弯曲外展，步态蹒跚，驱赶时后躯向一侧歪斜，往往欲快不能而倒地。中毒牲畜在安静状态下可能看不出症状，但在应激时，如用手提耳便立即出现摇头、突然倒地等典型中毒症状。中毒母畜还会表现发情周期紊乱、不孕、流产、早产、产死胎、弱胎、畸胎等。胎儿畸形表现为前肢侧弯，腱挛缩，跗关节前曲和过度松弛，以及腕关节屈曲等。中毒公畜还会表现睾丸萎缩，精子生成障碍、精子畸形、活力下降等。

中毒后期：症状为患病牲畜表现精神极度沉郁，体温下降，心率减慢，节律不齐，呼吸困难；走路时颈部及四肢肌肉僵硬，后肢拖地或弯曲，严重者卧地不起，起立困难，呈现全身瘫痪，甚至视力丧失，最后因衰竭死亡。病程 1～3 个月。

第四节　实验室诊断

病理剖解变化：疯草中毒牲畜尸体消瘦，皮下出血、水肿。空肠、回肠、小结肠有出血或坏死。心肌变软，心内膜有出血点。肝脏浊肿，表面局部呈黄白色。肾充血，表面呈红白相间的斑块状。腹腔积液，肠系膜淋巴结水肿，脑膜充血。流产胎儿全身皮下出血、水肿。母畜子宫子叶表面出血，且明显小于同期妊娠的正常母畜。

病理组织学变化： 肝细胞肿胀，胞浆内出现空泡，有的肝细胞破裂，细胞核溶解或消失。肾脏肾小管上皮细胞浆呈红色颗粒状，大部分细胞膜破裂，细胞浆流失于管腔中，有的细胞核溶解消失。肾小球和间质轻度充血；肾上腺浊肿，也有空泡出现。胰脏胞浆内呈现空泡。大脑神经细胞浆淡染、溶解，有噬神经现象，血管充血，内皮肿胀增生，有的神经细胞淡染呈浓缩状态；小脑蒲肯野细胞核溶解或消失，细胞浆内出现大小不等的空泡。胎盘绒毛膜上皮细胞呈大小不等的空泡。卵巢黄体细胞胞浆内出现大量红色细小颗粒，细胞肿大，呈明显的浊肿，并有大量的空泡形成（图1）。

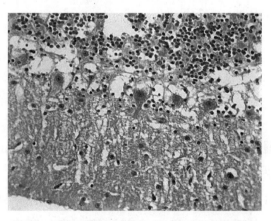

图1　小脑浦肯野细胞空泡变性（400倍）

血液和尿液变化：病畜血清天门冬氨酸转氨酶（AST）和丙氨酸转氨酶（ALT）活性升高，血清 α-甘露糖苷酶活性显著下降，尿液低聚糖含量增加。血液涂片检查，淋巴细胞呈现空泡。

第四章 疯草的经济意义

　　疯草类有毒植物在生态环境恶劣的中国西部具有其自身的生态地位，对维持生态环境产生着重大影响。疯草类有毒植物营养丰富、资源量大，脱毒后可作为青藏高原牲畜草料的补充。此外，疯草类有毒植物的某些种在传统中、藏、蒙、维医药中早被广泛应用，现代医学证实其含的活性物质苦马豆素具抗肿瘤活性成分。归纳起来疯草具有"五利二害"的作用。

第一节 疯草"五利"

一、去毒加工可作为饲草料

　　中国西部牧区自然环境比较恶劣，雪灾、旱灾会时不时地发生。西藏阿里地区的改则、革吉年降雨量不足200毫米，遇到干旱年景，雨季迟迟不到，7月份草地才开始返青，9月份草地又进入冷季枯黄期，两个多月积累的地上生物量要供给全年的饲草需求，草畜矛盾异常突出。冬季牧场负担更重，要补给家畜 8 个月左右饲草，家畜基本处于饥饿状态，加之气候寒冷，掉膘现象非常严重，勉强维持生存，艰难度过漫长的枯草期，饿死情况较为常见。若再遇到雪灾对西藏西北草地畜牧业的危害就是致命的。《西藏政务》称："解决疯草问题意味牧业生产的'二次解放'。"

疯草类有毒植物营养丰富、资源量大，脱毒后可作为青藏高原家畜饲草的补充。只要合理规划，在疯草生长旺盛期刈割储备起来，根据实际情况进行去毒加工，在遇到旱灾、雪灾时，给家畜饲喂疯草去毒饲草，帮助牲畜渡过难关，可将经济损失降到最低。另外，通过调查发现藏西北牧区牲畜食毛现象普遍，这是牲畜缺乏含硫蛋白质的表现。疯草类植物中恰好含有丰富的含硫蛋白质，因此，疯草进行去毒加工后完全可以作为牲畜含硫蛋白质资源的补充，解决牲畜食毛症，提高毛产量。

二、防风固沙——生态卫士

中国西部尤其西藏西北高寒荒漠草地和高寒草地，全年无霜期短、年均温 0℃左右，适宜于该类草地的植物相对单一，草地盖度不足 30%。近些年在全球变暖、干旱及超载过牧等多种因素的影响下，这两类草地荒漠化、沙漠化加剧。疯草类植物凭借其根系发达、粗壮及抗旱、耐寒的特性，顽强地生长在荒漠中，每株疯草可拦截并固定土壤 800 克以上，在一定程度上抑制草地向荒漠化、沙漠化方向发展，同时也增加了草地的生机，避免其成为不毛之地。疯草在西藏荒漠化草原上具有不可替代的生态作用，从生态学角度看疯草是荒漠化草原的"生态卫士"。

三、拦截牧草——成饲草草库

西藏北部草原常年多大风，冷季草地上的针茅、固沙草等可食牧草干枯后的茎叶在大风的吹刮下，随风而走，往往被吹到很远的沟谷和山脚下。强风无界，风携牧草无边缘，给放牧带来了诸多不便。另外，西藏草地现在基本完成了承包到户，风携牧草可越界，放牧则不能越界。这就很容易造成矛盾纠纷。冰川棘豆根系发达，地上部分冠幅较大，干枯后的茎秆可将随风吹来的可食牧草拦存，单株可拦存可食牧草（紫花针茅、戈壁针茅）130～460 克，起到了贮存牧草的作用，成为牛、羊冬季主要饲草来源，农牧民称其为饲草草库（图 2）。

图 2　拦存的牧草与固定的土壤（王保海）

四、重要的药用植物

　　疯草中的苦马豆素能抑制恶性肿瘤细胞 N-连接的寡糖的合成，增加肿瘤细胞对天然免疫的敏感性；苦马豆素能阻止人肿瘤细胞浸润细胞外基质，抑制这些细胞型胶原酶的表达，从而阻止肿瘤细胞在体内的浸润转移，降低肿瘤细胞的侵袭能力；苦马豆素是一种免疫调节剂，它能刺激淋巴细胞增殖，增强抗原刺激的细胞作用，激活自身抗肿瘤免疫。此外，苦马豆素是 α-甘露糖苷酶的高效、专一的抑制剂，作为一种生化试剂，可用于人类和动物的遗传性溶酶体贮积病甘露糖过多症的治疗。鉴于苦马豆素的药用价值，苦马豆素纯品及粗品的市场需求量巨大。国内外科研人员正在从事将苦马豆素作为一种抗肿瘤新药的临床试验。

疯草在传统中、藏、蒙、维医药中广泛应用，像轮叶棘豆、小花棘豆、镰形棘豆等早就作为藏药材开发利用。著名的《四部医典》中多处均有记载和论述。

五、重要天敌芜菁昆虫的寄主

疯草是天敌昆虫、药用昆虫芜菁的主要寄主。芜菁成虫在荒漠化草地主要取食疯草，幼虫取食西藏飞蝗的卵，因而利用芜菁成虫控制疯草，利用芜菁幼虫控制西藏飞蝗，是一举两得的生物防治措施。因而疯草是重要生物链成员，如果大规模化学防除，意味着天敌昆虫芜菁生存空间减少，造成疯草再次猖獗发生。

第二节 疯草"二害"

20 世纪 70 年代以来，中国西部天然草地疯草逐年增多，中度、重度发生面积由 1.14 亿亩①蔓延到 3.62 亿

① 1 亩≈666.7 平方米

亩，占西部天然草地面积的 7.96%，已成为目前世界范围内危害草原畜牧业生产发展最为严重的毒草。

一、引起家畜中毒死亡

疯草含有毒成分苦马豆素，家畜采食后可引起慢性中毒，使家畜中枢神经系统和实质器官受到损害，造成细胞功能紊乱，尤其是神经细胞功能紊乱，而使家畜表现出一系列神经症状。当生殖器官的组织细胞发生空泡变性时，可导致繁殖机能障碍，造成流产、弱胎、死胎。天然草地疯草的蔓延与扩散，造成疯草灾害重发和频发，引起大批牲畜流产，甚至中毒死亡，重灾户年损失羊、牛达 28%，三年成为绝畜户。中国西部疯草灾害年均经济损失达 50.81 亿元。

二、造成牧草严重减产

疯草严重危害草地畜牧业，成灾致牧草减产，重者达 35% 以上，甚者达 93%，几乎全部被疯草取代，平均每亩损失牧草 5.5 公斤。中国西部年均损失牧草约 19.91 亿公斤，经济损失达 39.82 亿元，且采取化学除草剂灭除危及生态安全。

第三节 经济阈值及中毒诊断临界点

一、经济阈值

在生产实践中，将疯草危害程度划分以下 3 级：

重度危害：羊、牛中毒死亡 10% 以上。

中度危害：羊、牛中毒死亡 5%～10%。

轻度危害：羊、牛中毒死亡 5% 以下。

一般情况下，疯草危害程度与当地可食牧草的存量密切相关。可食牧草越缺乏，取食疯草量越大，危害程度越重；可食牧草越丰富、充足，取食疯草量越少，危害程度越轻。

通过对主要疯草种类划区和危害程度划分，为分区治理和防控指标提供依据。

二、中毒诊断临界点

通过疯草毒性试验确定中毒诊断临界点。试验羊150 只随机分为 5 组，每组 30 只，每天按 10 克 / 公斤体重投喂疯草，重复 3 次，建立动物疯草中毒模型。结果试验组羊 15～18 天出现轻微症状，19～25 天出现中度症状，26天以上出现典型重度中毒症状。试验羊出现轻微和中度症状时停止投服疯草，进行救治可康复；重度中毒症状进行救治不可康复。把15～18天确定为疯草中毒临界点，在中毒临界点前采取治疗措施，康复羊比较容易；在中毒临界点后采取治疗措施，康复羊难度大，甚至不可康复。

第五章　疯草的绿色防控 "三·五"技术体系

　　种群生态学研究表明，疯草是草地生态系统的重要组成部分，应用化学杀灭，特别是在荒漠化草地应用往往呈负效益，且存在环境污染风险。因而王保海等创立了"三改三用"、变害为宝的绿色防控与利用新理念，即改超载过牧、改惜杀惜售、改依赖化学灭草，用疯草作为饲草、用生物防治疯草、用生态调控抑制疯草，是减施化学农药、增加生物种群多样性、修复草地生态失衡的根本途径。

　　依据疯草生物学特性与发生规律、家畜采食疯草的原因及中毒机理，从中国天然草地疯草发生、家畜中毒与环境三者的关系，疯草"五利二害"的经济意义综合考虑，提出疯草中毒"预防为主，综合防治，综合利用"的原则。根据这一原则，集成创建了疯草综合防治与利用"三·五"技术体系，即5项抑制疯草猖獗发生技术，5 项康复羊、牛疯草中毒技术，以及 5 项利用疯草技术。

为什么是以预防为主，综合防治，综合利用呢？要具体问题具体分析。

"三·五"技术体系中共有 15 项技术，其中大多数与预防有密切的关系。分析疯草利用技术和抑制疯草发生技术及防治羊、牛中毒技术，可看出大多数技术带有不同程度的预防羊、牛疯草中毒的作用，可见预防是解决问题的首选和关键。

在此明确指出：科学放牧，利用疯草是优选的预防办法；生态康复，自然康复是治疗的优选办法。只有在选择药物治疗或预防时，死亡率不高的情况下，提倡以治疗剂为主；死亡率高的情况下，提倡以预防剂为主，为什么呢？

如 100 只羊死亡率是 3%～5%，进行药物预防的话，毫无疑问要全部投药，每只羊 20 元，100 只需要 2000 元。其实也就是 2000 元，康复了 3～5 只羊，非常不合算。而且全部的羊进行了喂药，影响肉品质量，同时工作量非常大，三个人半天才能完成。如果应用治疗剂，5 只羊只需 100 元就可以了；而且 95% 肉产品不会受到任何影响，工作量也明显减少。如 100 只羊死亡率是 30% 以上，毫无疑问应用预防剂效益是比较明显的。但是预防很难达到 100% 有效，仍要考虑药物防与治的结合。

疯草的绿色防控"三·五"技术体系综合利用，一是技术体系的综合利用，二是要突出疯草的综合利用。更为重要的是中国西部环境复杂多样，不同的区域有不同的问题，要具体问题具体分析，灵活应用，选择适合当地特点、易接受、效果好、投入少，兼顾生态与食品安全的技术就可以。同时也提出慎用化学农药或不用化学农药灭草。

第一节　5项抑制疯草猖獗发生技术

一、以虫治草

早在1991年，美国墨西哥州北部发现一种可以啃食疯草的象鼻虫，随后Pomerinke等（1995）在此建立了7个实验点研究这种象鼻虫与疯草间的相互作用。最近美国科罗拉多州和新墨西哥州又发现数种能专嗜绢毛棘豆和密柔毛黄芪的昆虫，它们不仅啃噬植物组织，有的还能导致疯草枯萎死亡。

经多年的观察发现青藏高原广大地域芫菁昆虫有41种，特有种丰富，且分布广泛，取食疯草。充分发挥天敌芫菁对疯草的抑制作用，以虫治草，既促进西部畜牧业，又确保青藏高原生态屏障安全，是功在当代、利在千秋的新举措。

二、以草治草、化感竞争

敦促牧民在暖季将牲畜赶到离居民点较远的高山牧场，可减轻居民点周边草地的放牧压力，为可食牧草的繁衍营造种群竞争、抑制疯草生长的条件。在疯草蔓延的草原上种植数种冷季型牧草，一个生长周期后发现其覆盖面积竟达 60%，不仅抑制了疯草的蔓延，还造成大量疯草幼苗死亡。同时，此类牧草适口性好、产量高，适合推广应用。目前已经成功建立了冰草等几种品系良好的环境，对抑制疯草起到良好的作用。补播对疯草竞争力强的藏沙蒿、紫花苜蓿等牧草，增加生物种群多样性，也能有效抑制疯草发生。

三、以畜治草

利用牦牛对疯草的非易感性，在疯草返青期、现蕾期增加放牧量，15 天内是安全的，牦牛不会发生中毒现象，而且牦牛破坏了疯草生长点、繁殖器官，抑制疯草生长和结实。另外，未成熟的棘豆荚果毒性相对较低，如果此时采取短期密集性放牧对放牧牲畜相对较安全，同时由于密集性放牧，家畜对棘豆的枝叶损伤较大，可抑制棘豆的营养生长和生殖生长。

四、物理防控

条件许可的情况下，在疯草生长敏感期使用拖拉机牵引单铧犁划破草地，可破坏疯草的生长器官，改善土壤的透水、透气性，促进草地中其他草本植物的生长，从而抑制疯草的发生。在疯草分布密度较小的草地上，趁雨季人工集中挖除，在空穴中点播旱生牧草，可抑制疯草生长。在疯草密度低的区域，采取机械或人工挖除，也是可行的办法。

五、化学防控

在生态稳定区，可喷施使它隆、迈士通等开展化学防控，按说明书要求使用。化学防控虽有一定效果，但也有明显缺点：①缺乏特异性，对周围牧草都有杀灭作用；②疯草种子种皮坚实，渗透性差，除草剂难以对它起作用，次年仍会有大量种子萌发；③需要反复使用，易造成环境污染，也有一些除草剂会导致一些有毒植物毒素浓度的改变或增加，污染食物链，造成不良后果。从长远来看，化学防控会降低人们对草原这块绿色食品源的信赖程度，从而影响畜牧业健康可持续发展，青藏高原等生态脆弱地区要控制应用，甚至严禁使用。

目前，防控疯草主要使用 2, 4-D 丁酯、草甘膦、使它隆、迈士通、灭棘豆等除草剂。

第二节　5 项康复羊、牛疯草中毒技术

一、自然康复

自然康复是指家畜中毒后，不予以药物治疗，隔离后仅饲喂可食牧草的一种康复办法。自然康复必须把握好时机，越早越好，在家畜出现轻度中毒症状后与疯草隔离，饲喂青干草，恢复效果最好。时间长出现中度或重度中毒后，家畜的中枢神经系统形成了不可逆损伤，整个行为发生紊乱，基本的站立、行走、采食行为都很难完成，自然康复成功率不高。试验研究表明：在中毒初期饲喂燕麦草 25 天左右，所有供试山羊中毒症状全部消失，采食、饮水等行为完全恢复正常。

自然康复成本最低，防治效果好，甚至可达 100%，而且畜产品安全。我们积极倡导种草就是种药，药就是草，草就是药，而且是良药的新观念。种草种得好，一亩地收 2000 公斤干草的话，可康复 50 只羊。

二、生态康复

牧户根据自家羊群的数量，选择疯草生长相对较少的草地，建造网围栏并将围栏内的疯草清除，撒施适量的化肥、牛羊粪，促进围栏内牧草生长。一旦有牲畜出现疯草中毒症状立即将其转入围栏中任其采食 20 天，可自然康复。西藏主要疯草危害区以村组为建设单位，建设疯草生态康复区，清除康复区内疯草并进行优良牧草的补播等改良措施，已取得良好示范效果。西藏自治区农牧科学院与改则县兽医站合作，于 2008 年 6 月分别在改则镇日玛村琼仓组和将促组疯草危害相对较轻的公共草地，建设了面积分别为 400 亩和 200 亩的疯草生态控制示范基地，并将两组牧户中毒山羊赶入围栏内，任其自由采食并观察记录其自然康复情况。经 20 天左右饲养，围栏内所有中毒发病山羊全部恢复，效果非常明显。一农牧民掌握了这种康复方法，20 元买了一只疯草中毒的病羊，放在康复区内，20 天康复后，卖了980 元。

为此，我们在青藏高原等地建立了 130 个疯草康复基地和 1 个防治核心区，引进优良牧草品种，进行草地改良，收到良好的效益，不但比买药更经济方便，而且生态安全，产品安全。

三、放牧管理

改变惜杀惜售、追求数量、超载过牧等传统放牧观念；树立以草定畜、以质增效的观念；实施划区轮牧、定期休牧等科学放牧制度。

（一）科学轮牧

早期疯草中毒报道，主要集中在过度放牧导致生态环境破坏的草场上。目前，提倡在疯草危害较严重的草场采用围栏轮牧，不仅可以有效地控制疯草蔓延，还能使草场得到有效休整。还有些农场主在疯草低密度区域建立无疯草区，通过在疯草区和无疯草区间轮牧，不仅可以明显减少或消除疯草毒性成分在动物体内蓄积，而且能充分利用疯草丰富的营养成分，在一定程度上限制了疯草的蔓延，维护了草原的生态平衡。

具体办法是：在有疯草草地放牧 10～15 天，在未出现中毒症状前，转到无疯草草地放牧 20～30 天，依次交替放牧，既可利用疯草资源，又可防止牲畜中毒（图 3）。

控制载畜量：要根据不同的生态环境和草地状况确定合理的牲畜数量，加大家畜出栏量，严禁超载过牧，维持生态平衡。

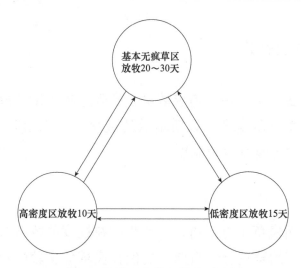

图3　轮牧（交替）放牧示意图

（二）选择放牧区域

疯草春季返青早，秋季枯萎晚，此时放牧动物常因贪食青绿疯草，并逐渐成瘾，最终中毒。所以在早春和秋末，避免在疯草发生严重的区域放牧，精准选择疯草发生轻微或无疯草的区域放牧，可以明显降低羊、牛中毒的概率。

（三）加强饲养管理

发现轻微中毒的家畜，及时隔离，饲喂其他可食牧草，25天左右可自行康复。中毒家畜隔离25天以上，动物组织中的苦马豆素便会清除掉，由此造成的组织损伤也会自行修复完全。但对于中毒严重的动物，由于神经系统造成了不可逆的损伤，往往卧地不起，逐渐消瘦，最后衰竭死亡。

一旦动物群中有牛、羊开始采食疯草，其他牛、羊也会尝试着采食，而且采食量还会更大，这种现象称为种群促进作用。所以在放牧动物中若发现有采食疯草的个体时，应及时隔离，不仅能使中毒个体慢慢康复，还可以有效避免由种群促进作用导致的其他家畜摄食疯草。

（四）淘汰老畜，节约资源

西部牧区，草畜矛盾突出，严重者超载100%～200%，甚至更高，尤其是西藏更为突出。其中造成草畜矛盾主要原因之一是老畜过多，无效益的牲畜过多。老畜每年消耗大量的牧草，体重一点不增加，农牧民没有获得任何的经济效益。毫无疑问，改变放牧观念，淘汰老畜，节约资源，是促进畜牧业发展的重要举措。

四、药物治疗

我们已经成功研发出针对性强的家畜疯草中毒治疗药物"速康解毒口服溶液"，该药物是国内外首个用于家畜疯草中毒病治疗的药物，经过多点实验，治疗效果达95%。2014年9月，甘肃省兰州市榆中县幸福万家养殖合作社种用小尾寒羊发生严重棘豆中毒病。经该药治疗，29 只重度中毒羊未能治愈。中度、轻度中毒羊 102 只，治愈率达 87.86%，以每只羊挽回经济损失 1500 元计算，共计挽回经济损失约 15.30 万元。临床应用表明该治疗剂对中度尤其是轻度以下中毒家畜疗效显著，具有广阔的市场推广前景。

1．投喂方法及技术要点

第一步：羊站立保持稳定。助手用双腿夹住羊的颈部（牛的稳定需多人），一人站在羊前部一侧，抓住羊角（无角抓耳朵）。

第二步：助手用一只手托住羊的下颌并保持水平，大拇指从一侧口角方向伸入口腔，迅速压住羊的舌中部。

第三步：助手的另一只手打开羊的上颌。

第四步：投药者将事先准备好的速康解毒口服溶液灌服。

第五部：观察羊的吞咽动作，如果出现吞咽动作即投药完成。

2．用法用量

羔羊：35 毫升/只/次/天；成年羊：50 毫升/只/次/天；犊牛：100～150 毫升/只/次/天；成年牛：150～200 毫升/只/次/天；连用 3～5 天。

注意事项：适应于轻度中毒的家畜。

五、药物预防

（一）党芪参胡锭

西藏自治区农牧科学院王保海等人联合中国农业科学院兰州畜牧与兽药研究所梁剑平研究团队，研制的家畜疯草中毒预防中药丸剂——"党芪参胡锭"，临床试验表明疗效显著，安全性及稳定性较好，获国家发明专利。

1. 用法与用量

每年 12 月进行第一次投喂，羊：2 丸 / 只 / 次。次年 3 月进行第二次投喂，羊：1 丸 / 只 / 次。可保证羊全年不发生疯草中毒现象。

投药对象：绵羊、山羊。

投喂区域：疯草危害重灾区。

特别注意：解毒丸在早上牲畜放牧前空腹投喂为好，投喂完解毒丸让牲畜休息 1 小时左右，再把牲畜赶出放牧，期间可以让牲畜饮用适量清水。

2. 投喂方法及技术要点

第一步：解毒丸蘸取适量食用油或清水，使解毒丸润滑，便于动物吞咽。

第二步：助手用双腿夹住羊的颈部，或将羊抱起，使前蹄离地，保持羊的头部稳定（牛的稳定需多人），一人站在羊前部一侧，抓住羊角（无角抓耳朵）（图4）。

图4　羊的稳定

第三步：助手用一只手托住羊的下颌并保持水平，大拇指从一侧口角方向伸入口腔，迅速压住羊的舌中部。

第四步：助手的另一只手打开羊的上颌。

第五步：投药者将事先准备好的放有解毒丸的投药器送入舌后部，然后推注投药器的推注杆，推药丸（力量要适中，切忌不能过大）进入咽喉。

第六步：投药者迅速取出投药器，助手迅速闭合口腔，观察吞咽动作，如果出现吞咽动作即投药完成（图5）。

图 5　投喂解毒丸

（二）棘防 E 号

由西北农林科技大学生物毒素与分子毒理学研究室赵宝玉等和青海大学农牧学院莫重辉等共同研制的动物疯草中毒预防丸剂——棘防 E 号具有良好的预防作用，能有效预防动物疯草中毒，疗效达 92% 以上。2012 年棘防 E 号被列入农业部主推农业主导品种和主推技术。

1. 用法与用量

《农业部主推农业主导品种和主推技术》（2012）中建议：羊 2 丸 / 只，鹿、骆驼、牛 4~6 丸 / 只，每 100 天投喂 1 次，直至度过疯草中毒季节。

2. 投喂方法及技术要点

同党芪参胡锭。

（三）牛羊复合舔砖

本舔砖以治疗剂（速康解毒口服溶液）药用成分为主，可起到防治疯草中毒的作用。考虑到生产中给药困难，且浪费大量人力、物力等因素，将治疗剂制作成舔砖，同时加入微量元素等物质，使用方便，还可提高牲畜机体免疫力，起到有病治病，无病防病，促进生长的作用。

使用方法：在羊圈或牛圈中放置舔砖，自由舔食，按羊 10 只 / 块，牛 2 头 / 块，随时观察并补充。本舔砖适应于轻度中毒的家畜。

注意事项：使用各种康复与治疗技术，越早越好。组织病理学研究发现，早期轻度中毒牲畜组织器官出现的损伤是可逆的，能够恢复，可以治愈；后期难以恢复，不可治愈。

第三节　5 项疯草的利用技术

从生态保护、变害为宝的角度，依据疯草"五利二害"，用其利避其害的创新成果，可把疯草作为生态卫士、天敌昆虫寄主、药用植物、脱毒饲草和牧草贮库综合利用。将疯草利用作为绿色防控的关键技术，更有利于生态环境的保护。

一、利用疯草作饲草

（一）疯草脱毒利用

1. 疯草的营养成分

经分析，3 种疯草中粗蛋白含量平均为 14.18%，粗纤维含量为 25.10%。茎直黄芪和毛瓣棘豆 17 种氨基酸总量分别为 6.657 克 /100 克和 1.36 克 /100 克。应用青贮、生物降解、浸泡等 6 项脱毒技术，生产脱毒饲草料，不仅可缓解草畜矛盾，而且可康复食毛症，提高毛产量。

2. 脱毒方法

（1）直接青贮：新鲜疯草加 0.2% 的蔗糖或葡萄糖，拌匀装袋，压实封口，60 天后利用。

（2）混合青贮：疯草与青玉米秆 1∶4 混合，拌匀装袋，压实封口，60 天后利用。

（3）混合青贮＋酶制剂：疯草与青玉米秆 1∶4 混合，加 1%～3% 酶制剂，拌匀装袋，压实封口，60 天后利用。

（4）0.3% 盐酸水法：0.3% 盐酸水浸泡干疯草 2 天后捞出，晒干备用。

（5）0.3% 乙酸水法：0.3% 乙酸水浸泡干疯草 2 天后捞出，晒干备用。

（6）清水法：清水浸泡干疯草 2 天后捞出，晒干备用。

去毒研究结果发现苦马豆素呈碱性，易溶于水，采用上述 6 种处理方法，3 次重复，气相色谱检测结果表明，处理组苦马豆素含量比对照组分别平均降低 81.5%、74.5%、71.2%、65.4%、64.7%、51.2%。饲喂结果显示，依据不同处理方法，将试验羊分为 6 组，每组 30 只山羊，重复 3 次，每天按 10 克 / 公斤体重剂量瘤胃瘘管投服，结果表明试验组羊中毒症状出现时间比对照组（20 天）推迟到 60～90 天以上。45 天后试验组体重比对照组平均增加 0.77 公斤。

3．脱毒疯草的交替饲喂

依据疯草临床中毒诊断临界点和间歇饲喂试验，赵宝玉、王保海等提出去毒疯草和牧草 15 天交替饲喂，既防止中毒，又充分利用疯草资源。

（二）疯草混合颗粒料

疯草呈碱性，荨麻草呈酸性。根据西藏阿里措勤县畜牧局利用当地资源的经验，我们提出将疯草、青稞、荨麻草、干草按照 1：1：1：1 混合，制作成颗粒剂，可作为疯草利用的一个补充措施。

二、利用疯草防风固沙

疯草类植物根系粗壮、发达，入土较深，一般在 1 米以上，有利于吸收地下水，耐干旱；蜡质厚，被毛多，抗紫外线，耐寒和抗逆性强；枝多株大，籽实多，繁殖力强。以棘豆属植物为例，1 株植物每年可产种子上千粒，散落在草地土壤中的种子 5～7 年内不丧失发芽能力；遇到雨水，迅速发芽，就能顽强地在荒漠中生长下来。这在一定程度上抑制草地向荒漠化、沙漠化发展，是退化草地自我修复的重要植被，且固沙作用特别显著。

从生态学角度讲，疯草是荒漠化草地的"生态卫士"。经分析疯草体内单糖、氮、维生素 C、维生素 D 等含量高，因此抗旱、耐寒能力强，每株疯草平均固沙 8 公斤以上（图 2）。在青藏高原每亩有 200～300 株疯草也是生态良好标志。

三、利用疯草拦截风携牧草

冬春季草地上的可食牧草，往往被大风吹断，随风而走。而疯草地上部冠幅较大，可固定随风吹来的可食牧草，形成像鸟巢一样的草堆，成千上万，被称为"牧草存库"。每株疯草平均可固定牧草 130～460 克，成为羊、牛冬春季唯一饲草来源（图 2）。这是大自然的恩赐，人力不可为。

四、利用疯草作药用植物

疯草如镰形棘豆、小花棘豆、瘤果棘豆、小叶棘豆、甘肃棘豆等，在中、藏、蒙、维药中被广泛应用。如甘肃棘豆在藏医上主要用于培根所致诸病、肺热咳嗽、痰饮腹水、体虚水肿、脾虚泄泻。小花棘豆临床可用于治疗关节痛、牙痛、神经衰弱、皮肤瘙痒等症。镰形棘豆具有退热、杀菌、镇痛作用，对于预防和治疗流行性感冒效果明显。从镰形棘豆总黄酮苷元中分离出鼠李柠檬素的棕色粉末，这种成分在药理和临床上均被证明为治疗慢性气管炎的有效成分。而冰川棘豆具有抑菌活性，当地牧民自古就利用其地上部分治疗疮痛、无名肿痛等疾病，疗效显著。疯草提取物苦马豆素具有抗肿瘤活性和免疫增强活性。

五、利用疯草招引天敌

芫菁昆虫仅在青藏高原就有 41 种。成虫在荒漠化草地主要取食疯草，幼虫取食西藏飞蝗的卵，因而利用芫菁成虫控制疯草，利用芫菁幼虫控制西藏飞蝗，是生物防治的重要方法。如果大量使用化学法防除疯草，天敌昆虫芫菁就会失去合适的寄主，面临灭绝处境。芫菁可入药治疗风湿痛、神经痛、颜面神经麻痹、肝癌、神经性皮炎、斑秃、传染性疣等。因此，在生产中合理保护芫菁寄主疯草、充分开发利用疯草不仅可以维持生物链的平衡，还可以创收致富。

近几年，我国科学家陆续开拓了疯草新的应用领域。中国农业科学院兰州畜牧与兽药研究所梁剑平教授等利用国家重点实验室重离子加速器对疯草内生菌棘豆蠕孢菌进行辐照诱变选育，获得高产苦马豆素的新菌株。梁剑平教授发明微波辅助和酶解提取苦马豆素新工艺，耗能少，提取率高。西北农林科技大学路浩教授，通过高通量测序技术对棘豆蠕孢菌进行全基因测序，筛选出调控苦马豆素合成的关键基因，并应用同源重组技术敲除调控苦马豆素的关键基因，获得了不产苦马豆素的新菌株，并获国家菌株保藏号。

第四节　疯草防控"三·五"技术体系

"三·五"技术体系（图 6）最大特点是易学、易懂、易操作，投入少，不主张应用化学农药，生态安全，农牧民乐意接受。

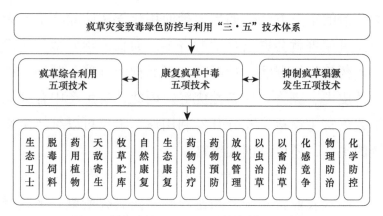

图 6　疯草防控"三·五"技术体系示意图

　　"三·五"技术体系是疯草绿色防控与利用的基本模式，可以解决疯草发生与危害的问题。但不同的区域疯草种类不一样，危害程度不一样，生产与管理条件不一样，具体要结合疯草发生与危害程度灵活应用，选择适合本地的模式。即使同一区域，不同的年份发生危害也是不同的，所以也要灵活选择不同模式，才能达到轻简、节能、高效。

　　在羌塘高原，把疯草作为抗灾饲草利用好，不仅可以缓解这一地区饲草不足的问题，而且可以解决控制荒漠化草地疯草猖獗的问题，自然降低了疯草中毒死亡率。牧户可在房前屋后等地方种草、收割、晒干、储备。有一定的青干草，在羊、牛中毒后，仅仅饲喂青干草15～20天即可康复。又如在短时间（15～20天），有疯草、无疯草地科学交替放牧，既可利用疯草，又可抑制疯草的发生，羊、牛也不会发生中毒。

第六章 "三·五"技术与分区治理结合

疯草绿色防控"三·五"技术体系是一个系统工程，每一项技术与其他技术都是密切相关，相互作用。在任何生态系统内，任何生长季节，任何发生危害程度，都不主张把所有技术全部应用。而是根据不同的发生情况和生产条件，分区治理，灵活应用，选取 1～3 项就可达到防治的目的。

第一节 青 藏 区

一、青藏区自然条件

青藏高原海拔高度平均在 4000 米以上。这里温度低，气候寒冷，太阳辐射强，尤其是紫外线辐射强，风大、风多，土壤被强烈风化，且土层浅薄。由于其地形复杂和多变，在青藏高原上气候本身也随地区的不同而变化很大。总的来说自东南到西北海拔逐渐升高，降雨逐渐减少，温度湿度逐渐降低，植物生长期逐渐缩短，环境逐步荒漠化，草畜矛盾逐渐突出。

二、青藏区防治疯草采取的措施

这一区域储存的牧草甚少，羊、牛中毒一旦发生，无足够的饲草实施隔离饲喂，以自然康复羊、牛。但这一区域草地辽阔，面积很大，且疯草密度不是太高，实施网围栏并清除围栏内的疯草比较容易，可建成为生态康复区，把中毒的羊、牛放入康复区内，自然采食20天左右，即可康复。这一办法称生态康复。也由于这一区域，尤其是藏北高原往往中毒率达20%以上，自然康复难以全部解决，就要考虑用预防剂进行预防。

根据多年的研究与观察，这一区域应采取生态康复为主，辅助预防剂＋治疗剂的治理模式，但要具体情况具体分析，灵活应用。

要特别注意的是，一般情况下不要使用预防剂，因预防剂是对所有的羊、牛都要实施预防，其实有一大部分羊、牛没有发生中毒，实施预防不仅造成浪费，而且影响畜产品安全。

第二节 古北区（蒙新亚区）

一、蒙新亚区自然条件

内蒙古高原地势平坦，一望无际，气候属温带大陆性气候，年降水量由东部 400 毫米降至西部的 50 毫米以下，属于半干旱、干旱地区。内蒙古由东向西逐渐过渡为荒漠，所以内蒙古西部沙漠广布，牧草十分稀疏。

二、蒙新亚区防治疯草采取的措施

这一区域自然条件相对来说比青藏区要好，有一定储存的牧草，羊、牛中毒中度发生，采取自然康复＋生态康复为主，辅以治疗剂的治理模式。

小　结

在同样环境的草地生态系统中，疯草和其他植物种相比，具有能忍受和适应逆境条件的特点。它们的共同特点是抗旱、抗寒、抗病虫害、耐风沙、耐贫瘠，恶劣环境中亦能旺盛生长。不同点是疯草天敌甚少，很难抵挡，故猖獗发生；牧草则相反，抑制其生长的因素很多，超载就是一个重要因素。

从草地生态学角度来看，疯草是特定草原生态群落的重要组成部分，对于防止地处恶劣气候条件下的草场退化、沙化有着重要的作用。但是，疯草归根到底对牲畜是一种毒草，它的大量生长不仅破坏了草地物种的多样性，而且牲畜往往因饥饿被迫采食或误食后引起中毒，严重者导致死亡。

传统的防治疯草的措施主要有人工挖除、焚烧、化学灭除等。人工挖除和焚烧的缺点是破坏草地植被，造成草地沙化、退化和水土流失；化学灭除的缺点是缺乏特异性，对疯草和其他可食牧草都具有杀灭作用，而且大面积使用可造成草地生态环境污染。当前，在草地生态文明建设的大背景下，保护草地生态环境已提到很重要的位置。因而，疯草绿色防控必须坚持"三改三用"新理念，分区治理，灵活应用"三·五"技术体系，这才是减施化学农药，增加生物物种多样性，修复草地生态的根本途径。

特别提出，自然生态条件好的牧区用生态康复、自然康复，不用药物康复。中毒发生轻的牧区用治疗剂，不用预防剂。生产条件好的用物理防治，不用化学防治。科技文化水平高的，要充分利用疯草变废为宝，促进草牧业增收增效。

参 考 文 献

曹光荣，张守信，张琼瑶. 陕西榆林地区和宁夏海原县绵羊疯草病 [J]. 动物毒物学，1986，1（1）：18-21.

郝宝成，武凡琳，邢小勇，等. 苦马豆素抗牛病毒性腹泻病毒的研究 [J]. 中国农业科学，2014，47（1）：170-181.

郝宝成，梁剑平，杨贤鹏，等. "疯草"中苦马豆素解毒制剂及抗肿瘤应用研究进展 [J]. 安徽农业科学，2012，40（5）：2664-2665，2668.

刘建枝，莫重辉，王保海，等. 山羊实验性冰川棘豆中毒临床症状和病理形态学观察 [J]. 西南农业学报，2012，25（04）：1464-1467.

刘建枝，王保海. 青藏高原疯草研究 [M]. 郑州：河南科学技术出版社，2013：317-320.

鲁西科，王俊彪，卓嘎，等. 西藏茎直黄芪生物学特性及危害调查 [J]. 西藏科技，1994，（02）：1-4.

乔红波，杨亚飞，王保海，等. 西藏三种疯草高光谱特征比较 [J]. 黑龙江农业科学，2012，（11）：146-148.

任继周. 西北草原上几种常见的毒草 [J]. 畜牧与兽医，1954，

（02）：56-60.

王保海，覃荣，张玉红，等．西藏芜菁调查研究［J］．西藏科技，2003，（05）：33-35，40.

王保海，夏晨阳，王敬龙，等．青藏高原家畜疯草中毒发生规律及绿色防控技术体系［J］．西南农业学报，2016，29（6）：1488-1492.

王保海，次仁多吉，王敬龙，等．疯草综合防治与利用技术［M］．郑州：河南科学技术出版社，2014.

王保海，次仁多吉，王敬龙，等．西藏疯草研究进展［J］．草原与草坪，2009，4：81-86.

王保海，袁维红，王成明，等，西藏昆虫区系及其演化［M］．郑州：河南科学技术出版社，1992

王建军，赵宝玉，樊泽峰，等．西藏草原疯草分布、危害及其防治［J］．草业与畜牧，2007，（06）：36-40.

王敬龙，王保海．西藏草地有毒植物［M］．郑州：河南科学技术出版社，2013：1-160.

王敬龙，王保海，次仁多吉，等．改则高寒荒漠草地改良效果［J］．草业科学，2012，29（10）：1521-1525.

王敬龙，王保海，次仁多吉，等．综述冰川棘豆特征特性及危害［J］．西藏农业科技，2010，32（1）：42-45.

王姗姗，王保海，杨晓雯，等．疯草自然中毒羊组织病理学观察及苦马豆素检测［J］．西南农业学报，2014，27（02）：873-877.

张镱锂，李炳元，郑度．论青藏高原范围与面积［J］．地理研究，

2002，21（1）：1-10.

赵宝玉，曹光荣，李绍君. 茎直黄芪化学防除试验［J］. 畜牧兽医杂志，1997，（01）：4-7.

赵宝玉，樊月圆，樊泽峰，等. 我国西部草原疯草危害及其动物中毒病的控制［J］. 草食家畜，2006，130（1）：12-15.

赵宝玉，王保海，莫重辉，等. 西藏阿里地区牲畜冰川棘豆中毒灾害状况调查［J］. 西北农业学报，2011，20（4）：40-46.

赵宝玉，曹光荣，段得贤，等. 西藏茎直黄芪对山羊的毒性研究［J］. 畜牧兽医学报，1992，23（3）：276-280.

赵宝玉. 疯草（甘肃棘豆）生物碱系统分析及其毒性的比较病理学研究［D］. 杨凌：西北农林科技大学博士学位论文，2001.

附录　我国疯草及动物疯草中毒研究事记

年份	主要贡献者	事记
1954	任继周	首次报道硬毛棘豆和有毒黄芪能引起家畜中毒。
1975	程敬毅	报道陕西北部等地小花棘豆中毒，并认为疯草中毒是由硒中毒引起。
1976	程习武	以茎直黄芪为主，研发8202制剂，治疗皮肤癌。
1978	李祚煌	证实小花棘豆对家畜确有毒性。
1980	李景如	报道新疆阿勒泰地区小花棘豆中毒。
1981	张生民	报道青海省甘肃棘豆中毒和硒中毒的比较试验，证明两者是不相同的。
1982	鲁西科	报道西藏自治区茎直黄芪和毛瓣棘豆中毒。
1986	曹光荣	报道陕西榆林和宁夏海原的小花棘豆和黄花棘豆中毒。
1987	李建科	报道甘肃天祝黄花棘豆和甘肃棘豆中毒。
1987	李祚煌	小花棘豆有毒成分分析利用，获内蒙古科技进步三等奖。

续表

年份	主要贡献者	事记
1988	林克忠	报道西藏山羊茎直黄芪中毒。
1988	孟协中	测定宁夏两种棘豆硒含量，证实硒不是致病因素。
1989	曹光荣	从黄花棘豆中分离出苦马豆素，证明苦马豆素是疯草主要毒性成分。
1990	肖志国	报道绵羊实验性棘豆草中毒，开展棘豆中毒临床病理学研究。
1990	曹光荣	黄花棘豆化学防除与开发利用，获宁夏科技进步二等奖。
1991	李建科	黄花棘豆、甘肃棘豆综合防治研究，获甘肃省科技进步三等奖。
1992	黄有德	报道甘肃变异黄芪中毒，从变异黄芪分离鉴定苦马豆素。
1993	赵宝玉	从我国茎直黄芪中分离鉴定出苦马豆素。
1994	鲁西科，曹光荣	西藏茎直黄芪毒性、化学防除和利用研究，获西藏科技进步二等奖。
1996	曹光荣，丁伯良	疯草引起孕羊流产及公羊不育的机理研究，获农业部科技进步三等奖。
1996	王凯	棘豆中毒预防及棘豆中生物碱提取技术，获批青海省重点项目资助。
1998	王建华	报道西藏自治区阿里地区冰川棘豆中毒。
1999	王凯，赵宝玉，莫重辉	研制出甘肃棘豆中毒的治疗药物"棘防E号"，使中毒症状的时间明显推迟。
2001	王建华	西藏冰川棘豆毒性及生物控制研究，获国家自然科学基金立项。

续表

年份	主要贡献者	事记
2002	王保海，李晓忠	赴西北农林科技大学探讨疯草防治技术。
2003	赵宝玉	从我国小花棘豆中分离鉴定出苦马豆素。
2004	新华网	报道内蒙古阿拉善左旗北部草场大面积疯草灾害。
2004	王凯，莫重辉，赵宝玉	家畜棘豆中毒预防及棘豆抗肿瘤活性研究，获青海省科技进步二等奖。
2004	王建华	冰川棘豆生物碱及其生物降解的研究，获国家自然科学基金立项。
2004	西藏阿里地区人大代表团	提交《加快疯草研究提案》。
2005	李勤凡	从我国冰川棘豆中分离鉴定出苦马豆素。
2005	西藏自治区副主席批示	要求西藏自治区农牧科学院赴阿里调查疯草发生危害情况。
2005	李晓忠，杨德全	前往阿里调查疯草危害。
2006	赵宝玉	绿僵菌发酵提纯苦马豆素的工艺专利获批，ZL 2006 1 0043120.5。
2006	赵宝玉，莫重辉，达能太	研制出疯草灵解毒缓释丸，对牲畜疯草中毒有显著预防效果。
2007	王建华，李勤凡	冰川棘豆生态毒理及毒物生物降解技术，获陕西省科技进步二等奖。
2007	赵宝玉	西藏醉马草综合防治与利用技术研究，获批农业部援藏项目资助。
2006	王保海，赵宝玉	在西藏阿里地区开展疯草灵解毒缓释丸试验。
2006	王保海，覃荣，赵宝玉	申报《西藏疯草研究》重大科技专项。

续表

年份	主要贡献者	事记
2007	西藏科技厅等	西藏疯草综合防治与利用研究立项。
2008	赵宝玉	一种从豆科棘豆属或黄芪属植物中提纯苦马豆素的工艺专利获批，ZL 2008 1 0018178.3。
2008	王保海，次仁多吉，王敬龙，其美	在阿里建立疯草中毒康复基地2处200余亩，当年康复羊2000只。
2008	西藏政务督查专报	提出从根本上解决醉马草问题，就意味着牧业生产的"二次解放"。
2008	其美，王保海，王敬龙	在阿里东三县建立生态康复区100个，计10000余亩，效果明显。
2008	陈新强	赴阿里检查疯草综合防治利用研究项目实施情况。
2009	赵宝玉	一种预防牲畜疯草中毒的制剂专利获批，ZL 2009 1 0021289.4。
2009	乔洪波，马继盛，次仁多吉等	首次在西藏利用遥感技术获得三种疯草光谱，绘制其遥感影像图。
2009	王保海，王敬龙	发表《西藏疯草研究进展》。
2010	王保海	西藏醉马草综合防治技术示范与推广，获批西藏自治区重大项目资助。
2011	西藏自治区主席白马赤林	莅临西藏自治区农牧科学院检查疯草研究进展情况。
2011	王保海，次仁多吉等21人	考察美国疯草防控研究进展。
2012	中华人民共和国农业部	西藏自治区农牧科学院参加了农业部公益性行业专项《草原主要毒害草发生规律及防控技术研究》。

续表

年份	主要贡献者	事记
2012	刘建枝，杨贤鹏	茎直黄芪中苦马豆素的提取工艺，获国家发明专利 ZL 2013 1 0281344.X。
2012	王保海，梁剑平，郝宝成	研制出牲畜疯草中毒特效解毒药速康解毒口服溶液，获国家发明专利 ZL 2012 1 0518046.3。
2012	王保海，梁剑平，郝宝成	研制出用于预防牲畜疯草中毒中药复方剂，获国家发明专利 ZL 2012 1 0573716.1。
2012	乔洪波，杨亚飞	在《黑龙江农业科学》发表《西藏三种疯草高光谱特征比较》。
2013	王保海，梁剑平，郝宝成	研制出一种用于防治动物疯草中毒的舔砖，获国家发明专利 ZL 2013 1 0067595.8。
2013	王敬龙，王保海	撰写《西藏草地有毒植物》一书。
2013	刘建枝，王保海	撰写《青藏高原疯草研究》一书。
2013	王敬龙，次仁多吉	参加第九届国际有毒植物大会，汇报西藏疯草研究进展，引起国内外有毒植物研究学者的关注。
2014	王保海，梁剑平，郝宝成	研制出用于治疗牲畜疯草中毒中药复方剂，获临床试验批件，国家发明专利 ZL 2014 1 0287802.5。
2014	新华社西藏分社	大内参报道西藏疯草研究进展情况。
2014	西藏自治区书记陈全国	在大内参有关疯草研究报导上批示：请坚参副主席阅办。
2014	刘建枝，王保海	撰写《青藏高原疯草研究》一书。
2015	王保海，次仁多吉，王敬龙等	西藏疯草防治与利用研究获西藏阿里科技进步特等奖。

续表

年份	主要贡献者	事记
2016	王保海，夏晨阳等	在《西南农业学报》发表《青藏高原疯草中毒发生规律及绿色防控体系》。
2016	西藏科技成果鉴定委员会	疯草研究项目鉴定为：总体达到国际先进水平，部分达到国际领先水平。
2016	王保海，王敬龙，次仁多吉等	青藏高原疯草绿色防控与利用技术体系创建及应用，获西藏自治区科技进步一等奖。
2016	中国农业科学院农业经济与发展研究所	测评疯草防控技术效益达70多亿，生态、社会效益可观。
2018	刘建枝，赵宝玉，王保海	撰写《中国西部疯草概论》一书。综合概述了疯草研究进展，分布危害，发生规律，毒害机理，防控与利用技术体系等。
2018	王保海，郭青云，赵宝玉，翟卿	撰写《中国西部疯草防控技术》一书。详述疯草"五利二害"，"三·五"技术体系，分区治理。